Aman Pradhan

Análise do desempenho do motor diesel VCR

Aman Pradhan

Análise do desempenho do motor diesel VCR

ScienciaScripts

Imprint
Any brand names and product names mentioned in this book are subject to trademark, brand or patent protection and are trademarks or registered trademarks of their respective holders. The use of brand names, product names, common names, trade names, product descriptions etc. even without a particular marking in this work is in no way to be construed to mean that such names may be regarded as unrestricted in respect of trademark and brand protection legislation and could thus be used by anyone.

Cover image: www.ingimage.com

This book is a translation from the original published under ISBN 978-3-639-66984-8.

Publisher:
Sciencia Scripts
is a trademark of
Dodo Books Indian Ocean Ltd. and OmniScriptum S.R.L publishing group

120 High Road, East Finchley, London, N2 9ED, United Kingdom
Str. Armeneasca 28/1, office 1, Chisinau MD-2012, Republic of Moldova, Europe
Printed at: see last page
ISBN: 978-620-8-25095-9

Índice

CAPÍTULO 1

1. MOTOR COM TAXA DE COMPRESSÃO VARIÁVEL

1.1 Introdução

Os motores de ignição por compressão são amplamente utilizados devido ao seu funcionamento fiável e à sua economia. Um motor a gasóleo é um motor de combustão interna que funciona com base no ciclo do gasóleo. A caraterística distintiva do motor a gasóleo é que a combustão tem lugar quando o gasóleo é misturado com o ar comprimido. Este ar comprimido ajuda na ignição automática e também desempenha um papel vital na combustão completa do combustível. A taxa de compressão variável é uma tecnologia que permite ajustar a taxa de compressão de um motor de combustão interna enquanto o motor está em funcionamento. A taxa de compressão é o parâmetro-chave nos motores alternativos. O conceito de taxa de compressão variável promete um melhor desempenho do motor, eficiência e emissões reduzidas. As pressões e temperaturas mais elevadas do cilindro durante a parte inicial da combustão dão origem a uma taxa de compressão mais elevada com uma velocidade de chama mais rápida que serve um período mais curto de retardamento da ignição. Isto é feito para aumentar a eficiência do combustível sob cargas e velocidades variáveis.

Cargas mais elevadas exigem rácios mais baixos para serem mais eficientes e vice-versa. Os motores de compressão variável permitem alterar o volume acima do pistão no ponto morto superior. O desempenho e a eficiência de um motor VCR variam continuamente à medida que a taxa de compressão se altera com a alteração do volume da câmara de combustão. Para fins veiculares, esta variação tem de ser feita dinamicamente em resposta à carga e às exigências da condução. Por conseguinte, a análise de vários parâmetros do motor em diferentes cargas é também crucial para otimizar o motor de modo a obter um melhor desempenho no motor de taxa de compressão variável.

1.2 Pesquisa bibliográfica

Com o aumento da população mundial, a procura de combustíveis fósseis como a gasolina, o gasóleo, o carvão, etc., aumentou muitas vezes. Há um desafio para poupar os combustíveis. Por isso, os cientistas, após uma extensa investigação, criaram o conceito de VCR (taxa de compressão variável). Os motores VCR melhoram a economia de combustível com menos emissões de automóveis, especialmente as de co2.

No ano 2000, a SAAB Automobiles apresentou o seu motor VCR no Salão Automóvel de Genebra. Para variar a taxa de compressão, baixaram a cabeça do cilindro para mais perto da cambota, alterando assim o volume da folga.

A Gomecys, uma empresa holandesa, fabricou o seu motor VCR de 4th geração. Neste motor, a cambota está integrada no motor VCR e, ao substituir a cambota normal pela cambota Gomecys, o sistema pode ser atualizado.

Com a ideia de ter a elevada potência de um motor turbo e o baixo consumo de combustível de um motor não turbo, a Nissan criou um conceito de mecanismo de manivela de pistão multi-ligação para proporcionar a melhor taxa de compressão adequada. Deste modo, é possível obter uma maior economia de combustível e uma maior potência no mesmo motor.

No congresso mundial SAE 2013, os engenheiros da FEV descreveram o seu sistema VCR de duas fases, baseado no conceito de biela de comprimento variável com suspensão excêntrica do pino do pistão. A extremidade pequena da biela está equipada com uma manga excêntrica que cobre o pino de pulso. Ao rodar a manga excêntrica, o comprimento da biela pode ser variado, variando assim a taxa de compressão.

1.3 Necessidade do motor VCR

A necessidade de desenvolver uma potência específica elevada acompanhada de uma boa fiabilidade e de uma vida útil mais longa do motor é evidente. A potência máxima é obtida quando é utilizada toda a capacidade de ar do motor. Todos os métodos para aumentar a potência de saída de um motor trazem consigo muitos problemas. Por exemplo, o aumento da velocidade do motor impõe cargas dinâmicas e também um maior desgaste que pode reduzir a vida útil e a fiabilidade desse motor. A velocidade elevada também aumenta as perdas de bombagem, o que pode criar complicações durante o funcionamento em carga parcial. Para resolver o problema da pressão de pico elevada quando a potência específica é aumentada, é necessário reduzir a taxa de compressão a plena carga mas, ao mesmo tempo, manter a taxa de compressão suficientemente elevada para um bom arranque e um funcionamento a carga parcial. Assim, devido a este facto, um motor de taxa de compressão fixa não pode satisfazer estes requisitos de débito específico elevado, o que levou ao desenvolvimento de um motor de taxa de compressão variável.

O desafio atual da tecnologia dos motores automóveis é a melhoria da eficiência térmica, a economia de combustível e a redução dos níveis de emissão. A taxa de compressão é uma das principais caraterísticas que afectam a eficiência térmica do motor. Uma taxa de compressão mais elevada resulta numa maior eficiência térmica e numa maior economia de combustível no motor de combustão interna. De um modo geral, as condições de funcionamento variam muito, como o trânsito citadino de pára-arranca, a condução em autoestrada a velocidade constante ou a condução em autoestrada a alta velocidade. Num motor de combustão interna convencional, a taxa de compressão máxima é definida pelas condições do cilindro em carga elevada, quando o consumo de combustível e de ar atinge os níveis máximos. Se a taxa de compressão for superior ao limite concebido, o combustível entrará em pré-ignição, provocando pancadas, o que pode danificar o motor. Infelizmente, na maior parte das vezes, os motores de ignição por compressão em condições de condução urbana funcionam com níveis de potência relativamente baixos em acelerações lentas, velocidades baixas ou cargas leves, o que leva a uma baixa eficiência térmica e, por conseguinte, a um maior consumo de combustível. medida que a carga do motor diminui, a temperatura no final da eficiência térmica é a taxa de compressão e a força da mistura ar-combustível. O gás de eficiência do ciclo ar-combustível diminui, pelo que se pode utilizar uma taxa de compressão elevada sem o risco de bater nos motores de aspiração natural ou nos motores alimentados a gás. Aumentar a taxa de compressão de 8 para 14 produz um ganho de eficiência de 50 a 65% (15%), enquanto que passar de 16 para 20 produz um ganho de 67 a 70%.

1.4 Produção

Os motores de compressão variável existem há décadas, mas apenas em laboratórios para efeitos de estudo dos processos de combustão. Estes modelos têm normalmente um segundo pistão ajustável na cabeça que se opõe ao pistão de trabalho, muito semelhante aos motores "Diesel" dos aviões. Os motores de compressão variável anteriores eram altamente desejáveis, mas tecnicamente inviáveis para produção comercial devido à complexidade mecânica e à dificuldade de controlar todos os parâmetros. No entanto, novas soluções como a abordagem Waulis não utilizam um segundo pistão e são implementadas num motor de 4 cilindros existente com pequenas modificações. Trata-se de um sinal promissor no sentido de uma produção comercial plena e de uma solução inovadora e económica que irá mudar o futuro dos motores VCR.

1.5 Análise teórica

Os resultados da análise do ciclo diesel ideal (pressão constante) com uma pressão de pico constante no ciclo são apresentados nos gráficos abaixo. As linhas cheias referem-se ao motor com taxa de compressão constante e as linhas tracejadas ao motor com taxa de compressão variável. Estas figuras foram desenhadas para um funcionamento a taxa constante de combustível-ar e correspondem à carga mais elevada (ou seja, a taxa de compressão mais baixa para o motor VCR). A pressão de combustão é mantida constante através do aumento da pressão de sobrealimentação, da taxa de combustível e da potência à medida que a taxa de compressão é reduzida. A partir destes diagramas, podem ser feitas as seguintes observações:

1) Tanto a curva de expansão da pressão como a curva de expansão da temperatura para o motor VCR situam-se acima das curvas para o motor de taxa de compressão constante, indicando que a expansão é mais lenta a baixas taxas de compressão.

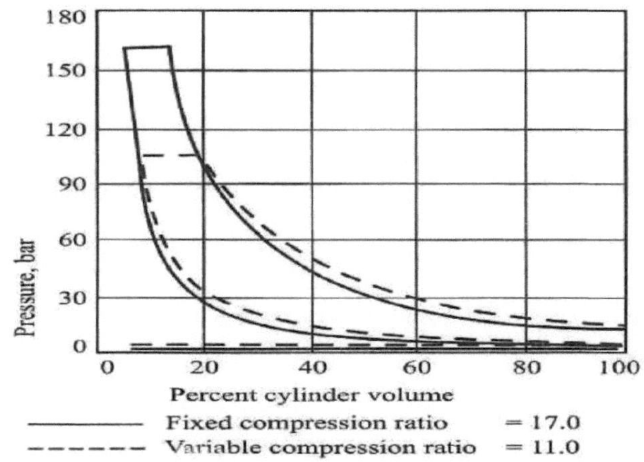

Fig.1. Curva Pressão v/s Percentagem do volume do cilindro

2) A temperatura dos gases para o motor VCR é inferior à do motor de taxa de compressão constante para o curso de compressão total e até cerca de 50° após o TDC. Depois disso, a queda de temperatura é uma expansão mais lenta e, assim, é claro que as válvulas de escape dos motores VCR funcionam mais quentes.

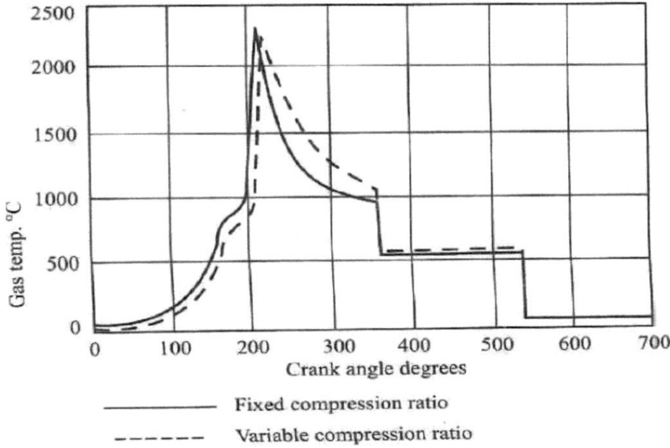

Fig. 2. Temperatura do gás. V/s Curva do ângulo da manivela

3) A pressão de sobrealimentação e a temperatura média do ciclo aumentam com a carga, mas a temperatura máxima

a temperatura do ciclo do motor VCR é mais baixa a cargas mais elevadas.

4) Tanto o BSFC como o ISFC aumentam significativamente com o aumento da carga para os motores VCR.

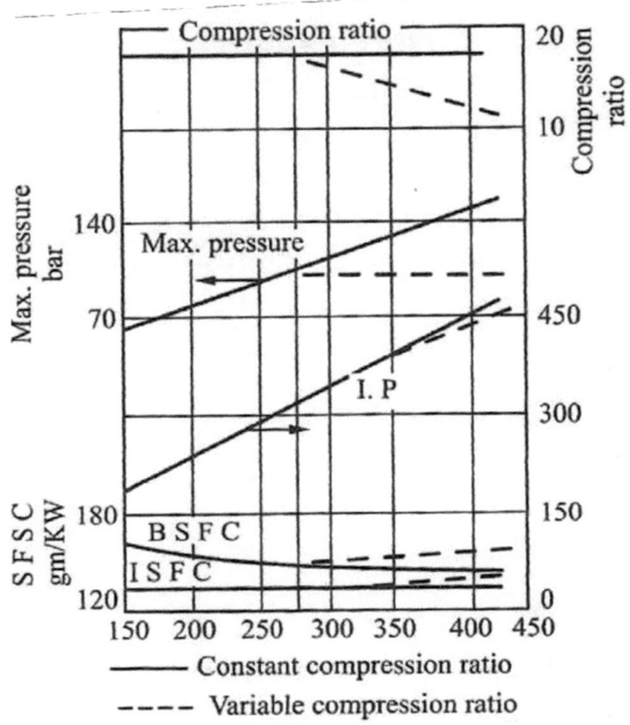

Fig.3. Curva de desempenho do motor VCR

5) A temperatura do gás pré-turbina para o motor VCR é mais elevada.

A temperatura do gás pré-turbina é limitada por considerações metalúrgicas e limita a taxa de compressão mínima que pode ser utilizada para o motor VCR. A taxa de compressão máxima é determinada pelo desempenho no arranque e em carga.

1.6 Métodos de videogravação

A taxa de compressão variável pode ser obtida alterando o volume de folga ou tanto o volume de folga como o volume varrido. Mas existem mais alguns factores que são responsáveis pela alteração da taxa de compressão.

1.6.1 Deslocação da cabeça do cilindro

O conceito de cabeça móvel combina a cabeça e as camisas numa construção monobloco que gira em relação ao resto do motor. A SAAB permitiu um movimento de inclinação para ajustar a altura efectiva da coroa do pistão no TDC. A articulação serve para inclinar a monocabeça em relação ao cárter, de modo a variar a posição TDC do pistão. Através do atuador e do mecanismo de ligação, a taxa de compressão pode ser variada de 8 a 14.

1.6.2 Variação do volume da câmara de combustão

Para variar o volume da câmara de combustão, utiliza-se um pistão ou válvula secundária, que pode ser mantido numa posição intermédia, correspondente à taxa de compressão óptima para uma determinada condição.

1.6.3 Variação da altura do convés do pistão

O desenho do pistão do VCR da Daimler-Benz apresenta uma variação na altura de compressão do pistão e oferece potencialmente a via mais atractiva para a produção do motor VCR, uma vez que requer alterações relativamente pequenas na arquitetura do motor de base quando comparado com outras opções.

1.6.4 Deslocação do eixo da cambota

Neste método, as chumaceiras da cambota são transportadas num suporte montado excentricamente que pode rodar para aumentar ou diminuir as posições do ponto morto superior (TDC) dos pistões nos cilindros. A taxa de compressão é ajustável, variando a rotação do suporte excêntrico.

1.6.5 Ligações da biela

Foi desenvolvida uma abordagem popular para substituir a biela convencional por uma conceção de 2 peças em que um membro superior liga ao pistão enquanto um membro inferior liga à cambota. O curso mais curto da manivela permitiu espaço para o sistema de ligação, que foi ancorado por um atuador rotativo excêntrico.

1.7 Designs de motores

O primeiro motor VCR construído e testado foi por Harry Ricardo na década de 1920. Este trabalho levou-o a definir o sistema de classificação de octanas que ainda hoje é utilizado. Muitas empresas têm vindo a realizar os seus próprios trabalhos de investigação sobre motores VCR, incluindo a Nissan, a Volvo, a PSA/Peugeot-Citro^n e a Renault, mas até agora ninguém demonstrou publicamente os resultados.

1.7.1 Waulis Motors Limited

A Waulis Motors Ltd foi fundada em 2011 por especialistas experientes em tecnologia de motores em Espoo, na Finlândia. A tecnologia patenteada baseia-se na investigação e no planeamento de uma década efectuados por Aulis Pohjalainen. Como resultado desse processo, o primeiro protótipo funcional viu a luz do dia no verão de 2011. A invenção da empresa tem como objetivo eliminar as desvantagens relacionadas com a pressão dos motores convencionais existentes e fornecer um motor com uma perda substancialmente menor de energia térmica, maior rendimento por litro e que reduz as emissões de CO_2 em cerca de 30-40 % em comparação com os motores convencionais.

A Waulis desenvolveu uma nova solução tecnológica inovadora e patenteada que resolve de forma económica as alterações existentes na regulação da pressão dos cilindros. Em comparação com a Waulis, as soluções tecnológicas VCR existentes são muito mais complexas de produzir, difíceis de controlar e substancialmente mais dispendiosas de implementar. Por outras palavras, a Waulis desenvolve uma solução cujos custos de fabrico, em contraste com as vantagens alcançadas, são extremamente competitivos em relação aos seus concorrentes.

O projeto Waulis descreve um dispositivo de manivela e um dispositivo de regulação de um motor de combustão. O sistema regula a pressão do cilindro de acordo com a potência necessária. A regulação da pressão do cilindro é efectuada através da alteração da taxa de compressão por meio do dispositivo de regulação. O dispositivo de regulação muda uma roda excêntrica através de uma roda de regulação para uma posição tal que uma biela levanta um pistão até uma distância desejada da cabeça da câmara de combustão. O dispositivo de regulação mede o volume de ar que entra no cilindro e ajusta a taxa de compressão de forma adequada. O dispositivo de regulação também tem em conta a velocidade de rotação, de modo a que a pressão de compressão aumente ou diminua em conformidade.

1.7.2 Peugeot MCE-5

A conceção da Peugeot funciona através da variação do comprimento efetivo das bielas que ligam o pistão à manivela. Quando a biela é mais curta, a taxa de compressão é mais baixa e vice-versa. No lado esquerdo do diagrama está o pistão convencional de um motor de combustão interna. À direita, encontra-se um cilindro hidráulico com um pistão de dupla ação. Este actua através de um sistema biela-manivela com uma roda dentada, cujo movimento regula o comprimento efetivo da biela e, consequentemente, a taxa de compressão no cilindro esquerdo.

1.7.3 SAAB SVC

A SAAB Automobile reacendeu o interesse pela compressão variável quando apresentou ao mundo o seu motor SVC no Salão Automóvel de Genebra em 2000. A SAAB tinha estado envolvida no trabalho com o "Office of Advanced Automotive Technologies", para produzir um moderno motor VCR a gasolina que mostrasse uma eficiência comparável à de um Diesel. O SAAB SVC era uma adição avançada e funcional ao mundo dos motores VCR, mas nunca chegou a ser produzido devido à falência da empresa.

O projeto, uma implementação do motor Larsen VCR, era constituído por uma cabeça monobloco, que consistia numa engrenagem de válvulas e no conjunto cambota/cárter. Estas peças estavam ligadas por um pivot que permitia 4 graus de movimento controlado por um atuador hidráulico. Este mecanismo permite variar a distância entre o eixo da cambota e a coroa do cilindro. Contrariamente à conceção da Peugeot, o comprimento efetivo da biela é fixo. Foi escolhido um sobrealimentador em vez de um turbocompressor para obter o tempo de resposta necessário e uma pressão de sobrealimentação elevada.

Para alterar V_c, o SVC "baixa" a cabeça do cilindro para mais perto da cambota. Para tal, substitui o típico bloco de motor de uma só peça por uma unidade de duas peças, com a cambota no bloco inferior e os cilindros na parte superior. Os dois blocos estão articulados num dos lados (imagine um livro, deitado numa mesa, com a capa da frente colocada cerca de um centímetro acima da página de rosto). Ao rodar o bloco superior em torno do ponto de articulação, o V_c (imagine o ar entre a capa do livro e a página de rosto) pode ser modificado. Na prática, a SVC ajusta o bloco superior através de uma pequena amplitude de movimento, utilizando um atuador hidráulico.

1.8 Vantagens

1) Taxa de compressão modificada para satisfazer a procura de potência, com uma gama de

2) Aumento da eficiência do combustível, que se afirma reduzir até 30% o consumo de combustível

consumo.

3) Redução das emissões de combustão.

CAPÍTULO 2

2. DESEMPENHO DO MOTOR

2.1 Introdução

O desempenho de um motor significa a forma como o seu rendimento varia ao longo de toda a gama do seu funcionamento. As caraterísticas de potência e binário são a parte fundamental do desempenho do motor, que pode alterar a eficiência do motor. Estes motores diferem na quantidade de potência que podem produzir. Também se pode analisar a eficácia da conversão da energia do combustível em potência do motor. As curvas de eficiência e de consumo específico de combustível também podem ser estudadas relativamente ao desempenho do motor. As variáveis a considerar são muitas, das quais a velocidade, a carga, a relação ar/combustível e a pressão efectiva média são importantes.

2.2 Parâmetros de desempenho

O desempenho do motor é uma indicação do grau de sucesso. O desempenho é útil para atribuir o desempenho do motor. A conversão da energia química contida no combustível em trabalho mecânico útil. O grau de sucesso é comparado com base no consumo específico de combustível, na pressão média efectiva, na potência específica, no peso específico, nos fumos de escape e noutras emissões. A aplicação específica do motor decide a importância relativa destes parâmetros de desempenho. Na avaliação do desempenho do motor, são escolhidos determinados parâmetros básicos e estudados os efeitos de várias condições de funcionamento, conceitos de projeto e modificações nestes parâmetros. Os parâmetros básicos de comportamento funcional são explicados a seguir.

2.2.1 Potência de travagem

A potência de travagem de um motor é a potência real fornecida pela cambota e pode ser medida por meio de um dinamómetro elétrico. O dinamómetro elétrico fornece efetivamente o binário do motor, a partir do qual se pode calcular a potência de travagem com a fórmula abaixo indicada. É um fator muito importante utilizado para calcular a eficiência mecânica de um motor. É a potência desenvolvida por um motor no veio de saída. A sua abreviatura é BP.

$$BP = \frac{2 * \pi * N * T}{60}$$

Onde,

N = Velocidade do motor em R.P.M

T = Binário em Newton metros

2.2.2 Potência indicada

A potência indicada de um motor é a potência real desenvolvida no interior do cilindro durante o processo de combustão. É sempre superior à potência de travagem.

A soma da potência de travagem e da potência de atrito dá a potência indicada. É abreviada como IP. A potência indicada de um motor de um cilindro é determinada utilizando as seguintes fórmulas

$$IP = \frac{IMEP * L * A * n}{60}$$

Onde,

IMEP = Pressão efectiva média indicada (bar)

L = Comprimento do curso (mm)

A = Área do cilindro $(mm)^2$

n = Número de cursos de trabalho por minuto.

2.2.3 Potência de atrito

A potência de atrito é a potência necessária para superar a perda de potência devida ao atrito num motor. A potência de atrito aumenta em função da velocidade do motor e é calculada subtraindo a potência de travagem da potência indicada. É abreviada como FP.

$FP = IP - BP$

2.2.4 Pressão efectiva média

A pressão efectiva média é a pressão hipotética que se assume estar a atuar no pistão durante o curso de potência.

2.2.5 Consumo específico de combustível

É definida como a quantidade de combustível consumida por unidade de potência desenvolvida por hora.

1.8.1 Consumo específico de combustível ao travão

É uma medida da eficiência do combustível de um motor que queima combustível e desenvolve potência.

É abreviado como BSFC. É obtido através das fórmulas seguintes,

$$BSFC = \frac{M}{BP}$$

Onde, M = Peso do combustível (Kg/hr)

1.8.2 Consumo específico de combustível indicado

É o rácio entre a quantidade de combustível utilizada por um motor e a potência indicada de um motor.

É abreviado como ISFC. Obtém-se utilizando as fórmulas,

$$ISFC = \frac{M}{IP}$$

Onde, M = Peso do combustível (Kg/hr)

1.8.3 Eficiência térmica do travão

É utilizado para avaliar a forma como um motor converte a energia térmica produzida pela combustão do combustível em energia mecânica útil. É abreviado como BTE.

$$BTE = BP * \frac{3600}{M * CV}$$

Onde, CV = Valor Calorífico do combustível (KJ/Kg)

2.2.9 Eficiência térmica indicada

O rácio entre a potência indicada de um motor e a taxa de fornecimento de energia sob a forma de combustão de combustível. É abreviado como ITE.

$$ITE = IP * 3600(M * CV)$$

Onde, CV = Valor Calorífico do combustível (KJ/Kg)

2.2.10 Eficiência mecânica

É uma relação entre a potência fornecida e a potência que estaria disponível. É utilizada para avaliar a eficácia do motor na conversão da energia produzida pela combustão do combustível em trabalho útil. É abreviado como ME.

$$ME = \frac{BP}{IP}$$

2.2.11 Temperatura dos gases de escape

É a temperatura a que os gases de escape saem do sistema de escape do motor.

2.3 Desempenho do motor S.I.

O desempenho de um motor é geralmente dado pelo balanço térmico. Os principais componentes do balanço térmico são o calor equivalente ao trabalho efetivo (de travagem) do motor, o calor rejeitado para o meio de arrefecimento, o calor transportado para fora do motor com os gases de escape e as perdas não contabilizadas. As perdas não contabilizadas incluem as perdas por radiação das várias partes do motor e as perdas de calor devidas à combustão incompleta do combustível. A perda por atrito não é apresentada como um item separado no balanço térmico, uma vez que a perda por atrito acaba por reaparecer como calor na água de arrefecimento, nos gases de escape e na radiação.

O gráfico abaixo mostra o balanço térmico de um motor a gasolina a funcionar a plena aceleração ao longo da sua gama de velocidades. A plena aceleração, a eficiência térmica do travão a várias velocidades varia de 20 a 27%, sendo a eficiência máxima na gama de velocidades média. Nos motores de ignição comandada, a perda devida à combustão incompleta incluída nas perdas não contabilizadas pode ser bastante elevada. Para uma mistura rica com uma relação ar/combustível de 12,5 a 13, pode ser de 20%.

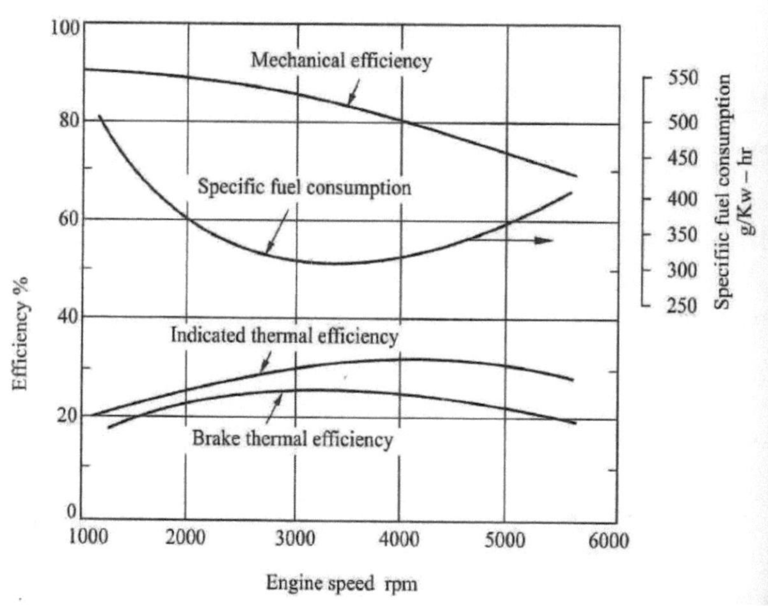

Fig.4. Curvas de desempenho do motor SI

O gráfico acima mostra a eficiência térmica do travão, a eficiência térmica indicada, a eficiência mecânica e o consumo específico de combustível para o motor SI acima referido.

2.4 Desempenho do motor C.I.

Um motor de combustão interna é utilizado para produzir potência mecânica através da combustão de combustível. A potência é referida como a taxa a que o trabalho é efectuado. Como a eficiência do motor de ignição por compressão é superior à do motor de ignição comandada, as perdas totais são menores. A perda do líquido de arrefecimento é maior a baixas cargas e as perdas por radiação, etc., são maiores a altas cargas. O BMEP, o BP e o binário aumentam diretamente com a carga. Ao contrário do motor SI, o BP e o BMEP são curvas continuamente crescentes e são limitados apenas pelo fumo. A temperatura de escape é também quase proporcional à carga. O consumo específico de combustível mais baixo na travagem e, por conseguinte, a eficiência máxima ocorre a cerca de 80 por cento da carga total.

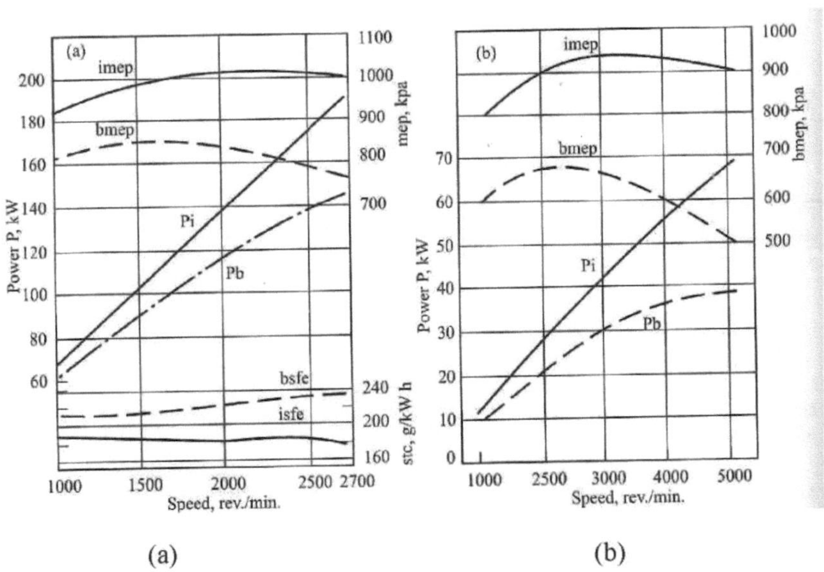

Fig.5. Curvas de desempenho do motor CI

O gráfico acima mostra a relação entre a potência e a velocidade de dois tipos de motores a gasóleo.

O gráfico (a) mostra a potência bruta indicada e a potência de travagem, a pressão efectiva média e o consumo específico de combustível para um motor diesel de seis cilindros naturalmente aspirado de injeção direta e o gráfico (b) mostra a potência bruta indicada e a potência de travagem, a pressão efectiva média e o consumo específico de combustível para um motor diesel de quatro cilindros naturalmente aspirado de injeção indireta com câmara de turbulência.

Os valores percentuais aproximados de várias perdas nos motores S.I e C.I.

Tabela n.º 1 valores percentuais aproximados de várias perdas nos motores S.I e C.I.

Engine	**SI**	**CI**
Brake load efficiency	21-28	29-42
To cooling water	12-27	15-35
To exhaust	30-55	25-45
Unaccounted	3-55(including incomplete combustion loss 0-45)	21-0 (including incomplete combustion loss 0-5)

CAPÍTULO 3

3. ESPECIFICAÇÕES DO MOTOR

As especificações do motor que foram consideradas para o estudo analítico neste projeto são as seguintes

Quadro n.º 2 Especificação do motor

S. No.	Features	Specification
1	Model	Kohler KD 500
2	Swept Volume	505 cm^3
3	Number of Strokes	4
4	Number of Cylinders	1
5	Bore	87 mm
6	Stroke	85 mm
7	Power	8.4 kW
8	Torque	31 Nm (at 2000 rpm)
9	Rated speed	3600 rpm
10	Compression ratio	18:1-22:1

CAPÍTULO 4

4. SIMULAÇÃO

4.1 Introdução

Com a abordagem convencional de calcular os dados por si próprio, a tecnologia avançou e criou a ideia de software de simulação. Este software funciona segundo o princípio da abordagem convencional, com a caraterística adicional de calcular os dados por si próprio.

Com este software, é possível efetuar cálculos longos e rigorosos em poucos minutos. Grandes quantidades de dados podem ser avaliadas de uma só vez. Este facto não só revolucionou a indústria, como também permitiu uma melhoria significativa na poupança de tempo.

4.2 Acerca do software

Diesel - RK 4.1.3.143 é um software de simulação de motores. É um software de termodinâmica de ciclo completo no qual são feitas simulações e optimizações de motores diesel e a gasolina de 2 tempos e 4 tempos. É semelhante a outros programas como o Ricardo WAVE, AVL BOOST.

As principais caraterísticas do Diesel - RK são uma mistura de caraterísticas novas e convencionais. Tem algumas caraterísticas que não estão disponíveis noutros softwares. Está orientado para a otimização da combustão diesel e para a análise e otimização do ICE.

Os dados básicos, como o tipo de motor, o comprimento e o diâmetro, devem ser introduzidos e, após todos os dados introduzidos, é efectuada uma simulação para obter os resultados pretendidos.

4.3 Procedimento

O procedimento para a simulação envolve passos simples que são os seguintes -

1. Selecione o novo projeto a partir da janela que aparece assim que abrimos o programa.

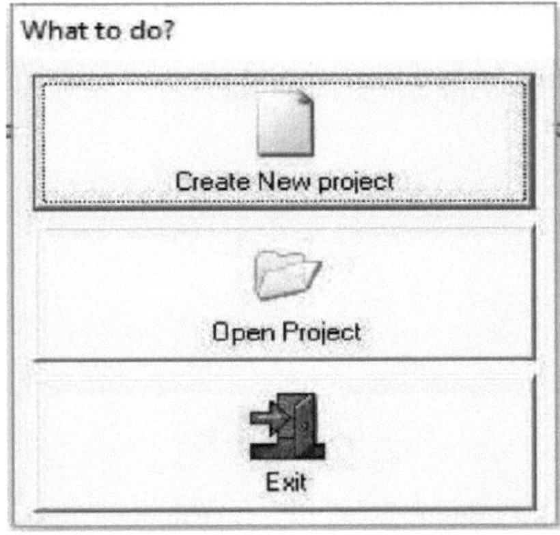

Fig. 6. Criação de um novo projeto no Diesel RK

2. Na opção seguinte, escolha o ciclo de funcionamento, o combustível e o método de ignição. Clique em Seguinte.

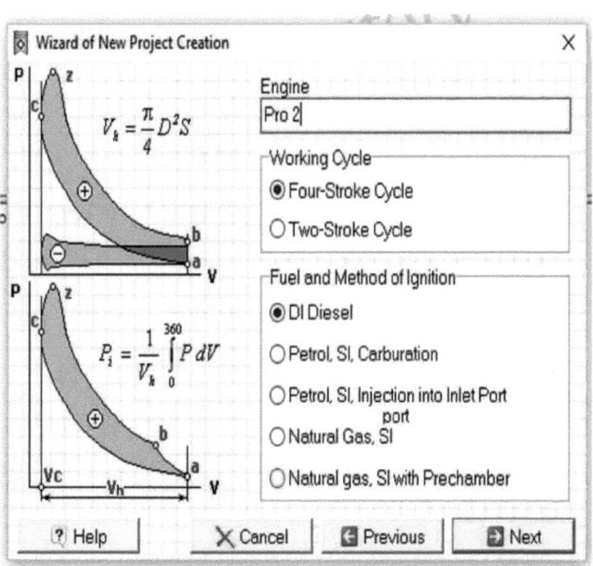

Fig. 7 Seleção do ciclo e do combustível

3. Selecionar a conceção básica do motor e o sistema de arrefecimento. Introduza também o número de cilindros na janela seguinte.

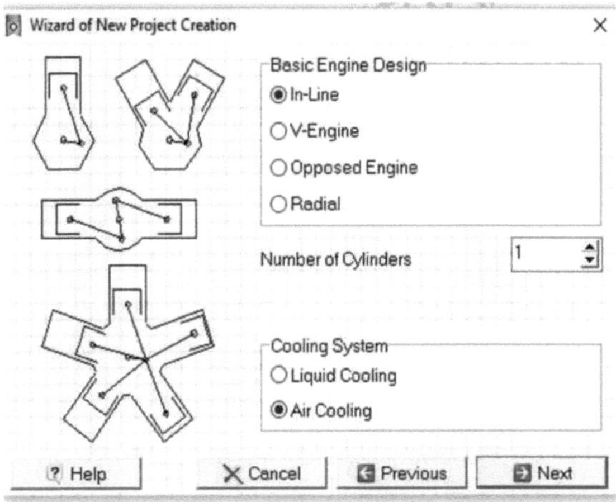

Fig. 8. Seleção da conceção básica do motor e do sistema de arrefecimento

4. Introduza o diâmetro do cilindro, o curso do pistão, a velocidade nominal e a taxa de compressão na janela seguinte.

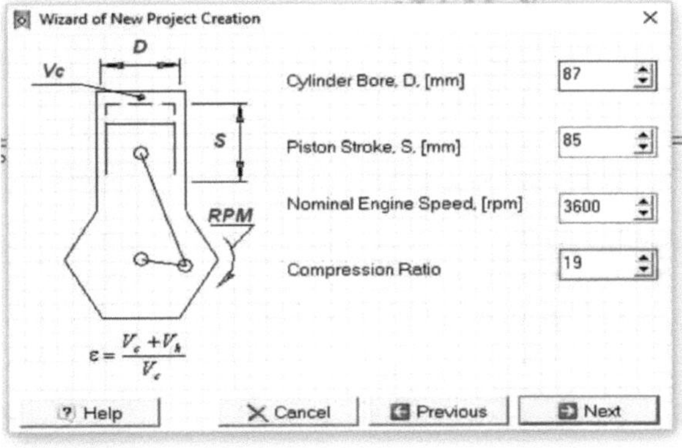

Fig. 9. Inserção de dados gerais

5. Na janela seguinte, introduza os parâmetros ambientais e escolha a aplicação em que o motor vai ser utilizado.

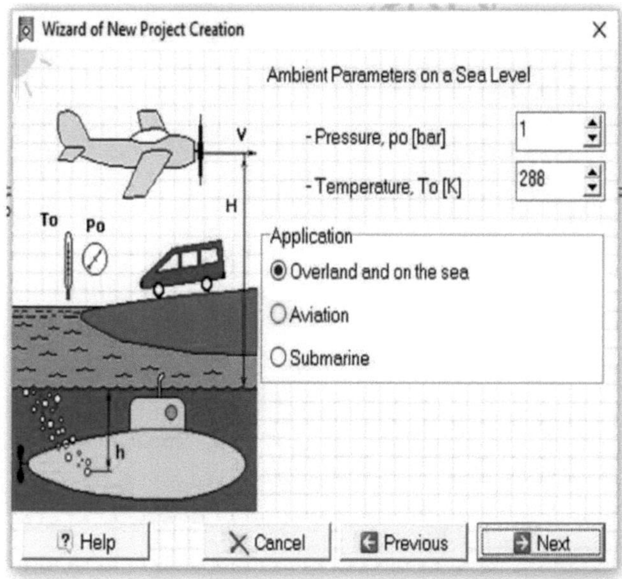

Fig. 10. Seleção da condição atmosférica

6. Desmarcar a opção "motor super ou turboalimentado" na janela seguinte se o motor não for superalimentado, como é o caso do nosso motor, e selecionar o modelo de cabeça de cilindro pretendido.

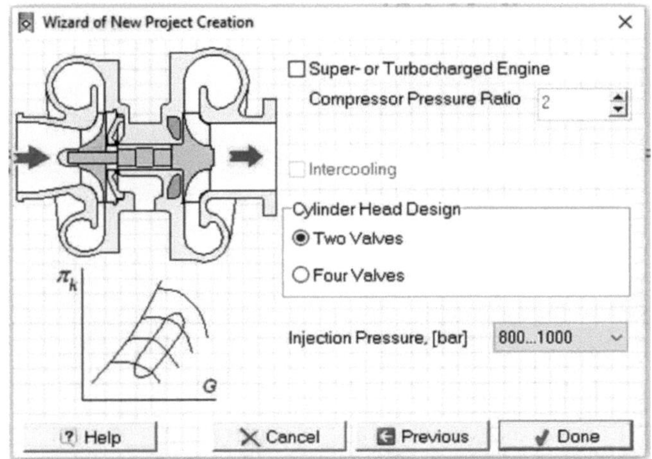

Fig. 11. Seleção do desenho da cabeça do cilindro

7. Clique no botão de seta no menu superior.

Fig. 12. Comando de execução da simulação

8. Isto irá executar uma simulação ICE e os resultados serão armazenados num ficheiro.

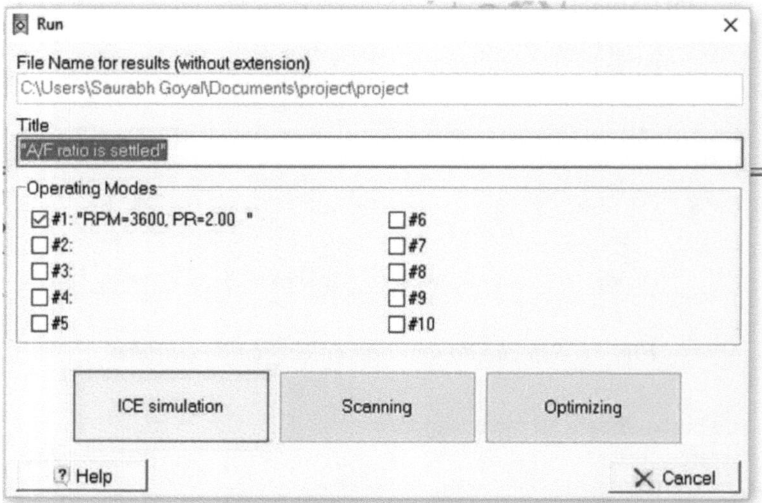

Fig. 13. Simulação ICE

4.4 Resultados da simulação

Os resultados obtidos após a simulação para vários parâmetros foram apresentados em forma de tabela, como se segue

Tabela n.º 3 IMEP (bar) em diferentes valores do rácio de compressão

	Indicated Mean Effective Pressure (bar)						
Engine Speed (RPM)	**CR 17.5**	**CR 18**	**CR 18.5**	**CR 19**	**CR 19.5**	**CR 20**	**CR 20.5**
1200	5.7035	5.612	5.5478	5.4622	5.3883	5.2859	5.2332
1800	6.989	6.9352	6.8908	6.8404	6.7619	6.7402	6.6579
2700	7.8495	7.8211	7.8072	7.7627	7.7317	7.6965	7.6652
3600	8.0843	8.1002	8.1041	8.1041	8.1236	8.1189	8.1126

Tabela n.º 4 Eficiência indicada em diferentes valores da taxa de compressão

	Indicated Efficiency						
Engine Speed (RPM)	**CR 17.5**	**CR 18**	**CR 18.5**	**CR 19**	**CR 19.5**	**CR 20**	**CR 20.5**
1200	0.34186	0.33783	0.33522	0.3316	0.32804	0.32313	0.32081
1800	0.39775	0.3958	0.39433	0.39246	0.3893	0.38864	0.38527
2700	0.4357	0.43482	0.43479	0.43374	0.43253	0.43141	0.4308
3600	0.44339	0.44497	0.44566	0.44677	0.44825	0.44863	0.44909

Tabela n.º 5 BMEP (bar) em diferentes valores do rácio de compressão

	Break Mean Effective Pressure (bar)						
Engine Speed (RPM)	**CR 17.5**	**CR 18**	**CR 18.5**	**CR 19**	**CR 19.5**	**CR 20**	**CR 20.5**
1200	4.4649	4.3623	4.2826	4.1866	4.1015	3.9875	3.9273
1800	5.546	5.4793	5.423	5.361	5.2689	5.2381	5.1409
2700	6.0638	6.0202	5.9951	5.9382	5.8936	5.8439	5.8026
3600	5.9146	5.9174	5.909	5.8963	5.9003	5.8831	5.8602

Quadro n.º 6 Eficiência de travagem com diferentes valores da taxa de compressão

	Braking Efficiency						
Engine Speed (RPM)	**CR 17.5**	**CR 18**	**CR 18.5**	**CR 19**	**CR 19.5**	**CR 20**	**CR 20.5**
1200	0.26762	0.2626	0.25877	0.25416	0.2497	0.24376	0.24075
1800	0.31563	0.31271	0.31034	0.30758	0.30334	0.30203	0.29749
2700	0.33658	0.33469	0.33387	0.3318	0.3297	0.32756	0.32611
3600	0.3244	0.32506	0.32495	0.32506	0.32557	0.32508	0.3244

Tabela nº 7 SFC (Kg/KWh) em diferentes valores de taxa de compressão

	Specific Fuel Consumption (Kg/KWh)						
Engine Speed (RPM)	**CR 17.5**	**CR 18**	**CR 18.5**	**CR 19**	**CR 19.5**	**CR 20**	**CR 20.5**
1200	0.31652	0.32257	0.32734	0.33328	0.33923	0.34749	0.35184
1800	0.26837	0.27088	0.27295	0.27539	0.27924	0.28046	0.28474
2700	0.25167	0.25309	0.25371	0.25529	0.25692	0.2586	0.25974
3600	0.26112	0.26059	0.26068	0.26059	0.26018	0.26057	0.26111

Tabela n.º 8 Temp. dos gases de escape (K) com diferentes valores da taxa de compressão

	Exhaust Gas Temperature (K)						
Engine Speed (RPM)	**CR 17.5**	**CR 18**	**CR 18.5**	**CR 19**	**CR 19.5**	**CR 20**	**CR 20.5**
1200	621.14	619.95	618.14	616.79	615.21	613.4	613.16
1800	651.72	650.66	649.22	648.83	646.89	646.2	644.45
2700	679.35	677.91	676.26	674.5	673.68	672.63	670.19
3600	726.44	722.4	720.43	717.84	713.17	711.79	709.96

Tabela n.º 9 Material particulado (g/KWh) em diferentes valores da taxa de compressão

	Particulate Matter (g/KWh)						
Engine Speed (RPM)	**CR 17.5**	**CR 18**	**CR 18.5**	**CR 19**	**CR 19.5**	**CR 20**	**CR 20.5**
1200	0.05689	0.05297	0.05049	0.05034	0.04719	0.04364	0.04454
1800	0.04607	0.04693	0.047	0.04969	0.04343	0.04764	0.039441
2700	0.0343	0.03424	0.03606	0.03403	0.03606	0.03367	0.03203
3600	0.34598	0.31928	0.32051	0.2931	0.25137	0.25437	0.2383

Tabela n.º 10 NOX (g/KWh) em diferentes valores da taxa de compressão

	NOx (g/KWh)						
Engine Speed (RPM)	**CR 17.5**	**CR 18**	**CR 18.5**	**CR 19**	**CR 19.5**	**CR 20**	**CR 20.5**
1200	19.656	20.688	21.371	22.182	23.051	24.299	24.688
1800	13.521	14.209	14.666	15.114	16.197	16.201	17.325
2700	10.095	10.622	10.929	11.58	12.143	12.868	13.343
3600	4.4186	4.8706	5.1077	5.5928	6.1563	6.3974	6.9048

Tabela n.º 11 CO_2 ***(g/KWh) em diferentes valores da taxa de compressão***

	CO_2 (g/KWh)						
Engine Speed (RPM)	**CR 17.5**	**CR 18**	**CR 18.5**	**CR 19**	**CR 19.5**	**CR 20**	**CR 20.5**
1200	1019.9	1039.4	1054.8	1073.9	1093.1	1119.7	1133.7
1800	864.75	872.83	879.5	887.97	899.78	903.69	917.49
2700	810.93	815.5	817.5	822.61	827.85	833.25	836.95
3600	841.38	839.67	839.96	839.67	838.35	839.6	841.36

CAPÍTULO 5

5. RESULTADOS

5.1 Gráficos

Após uma simulação bem sucedida, obtiveram-se resultados para diferentes parâmetros, como a pressão efectiva média indicada (IMEP), a eficiência indicada, a pressão efectiva média de travagem (BMEP), a eficiência de travagem, o consumo específico de combustível (SFC) e a temperatura dos gases de escape, as emissões de partículas, de CO_2 e de NOX. Estes resultados foram representados em gráficos em função da velocidade do motor. Os gráficos mostram as variações dos parâmetros com a velocidade do motor a diferentes taxas de compressão.

1. IMEP v/s Velocidade do motor

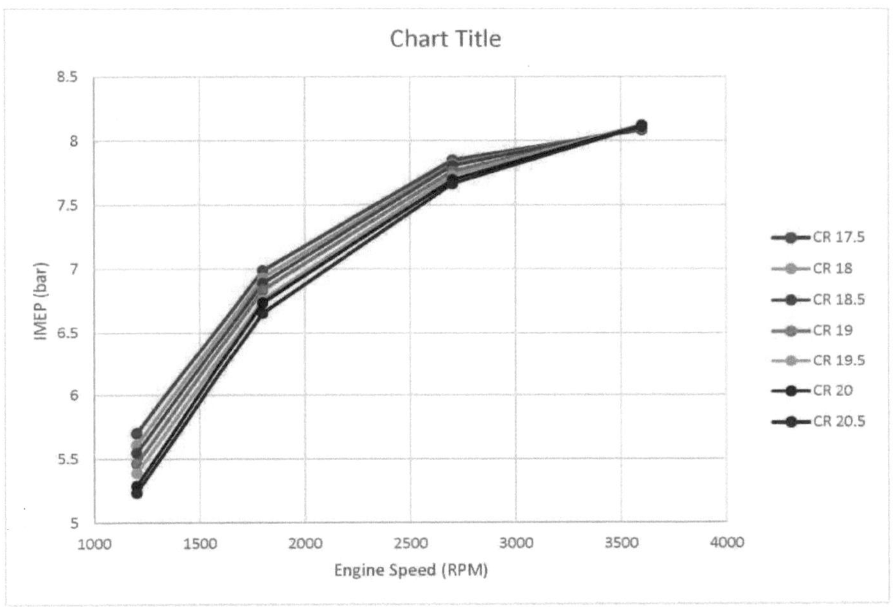

Fig. 14.IMEP v/s Velocidade do motor

medida que a velocidade aumenta, a pressão efectiva média indicada (IMEP) também aumenta até atingir um valor máximo.

2. Eficiência indicada v/s Velocidade do motor

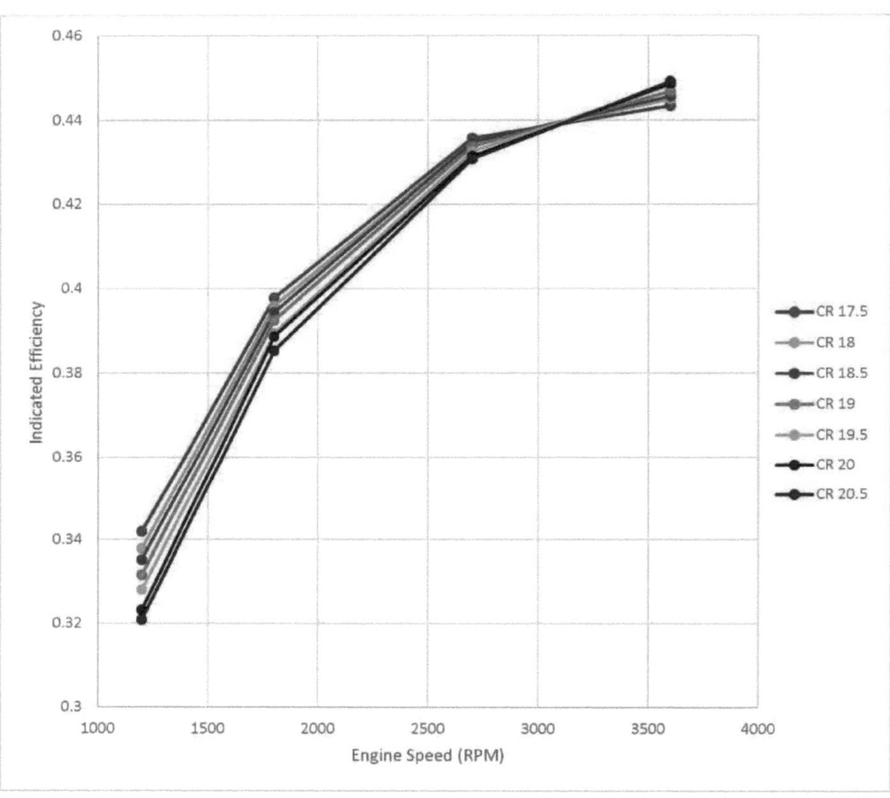

Fig. 15.Eficiência Indicada v/s Velocidade do Motor

A eficiência indicada mostra uma relação quase linear com a velocidade do motor. Aumenta linearmente com a velocidade.

3. BMEP v/s Velocidade do motor

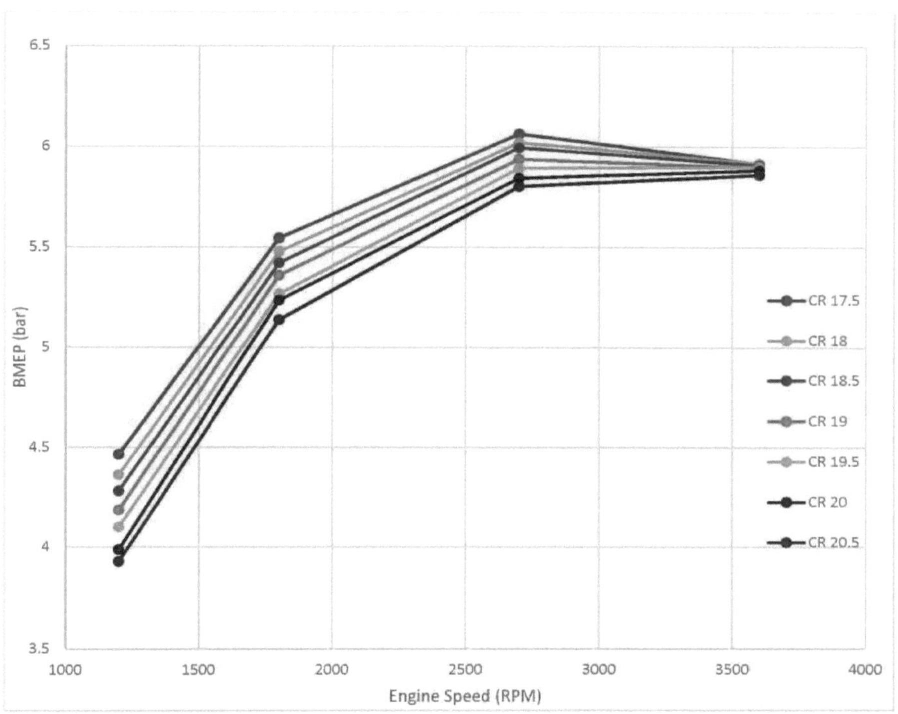

Fig. 16.BMEP v/s Velocidade do motor

A pressão efectiva média do freio (BMEP) tem a mesma relação que a IMEP, mas diminui depois de atingir os valores de pico. Apresenta valores inferiores aos do IMEP.

4. Eficiência de travagem v/s Velocidade do motor

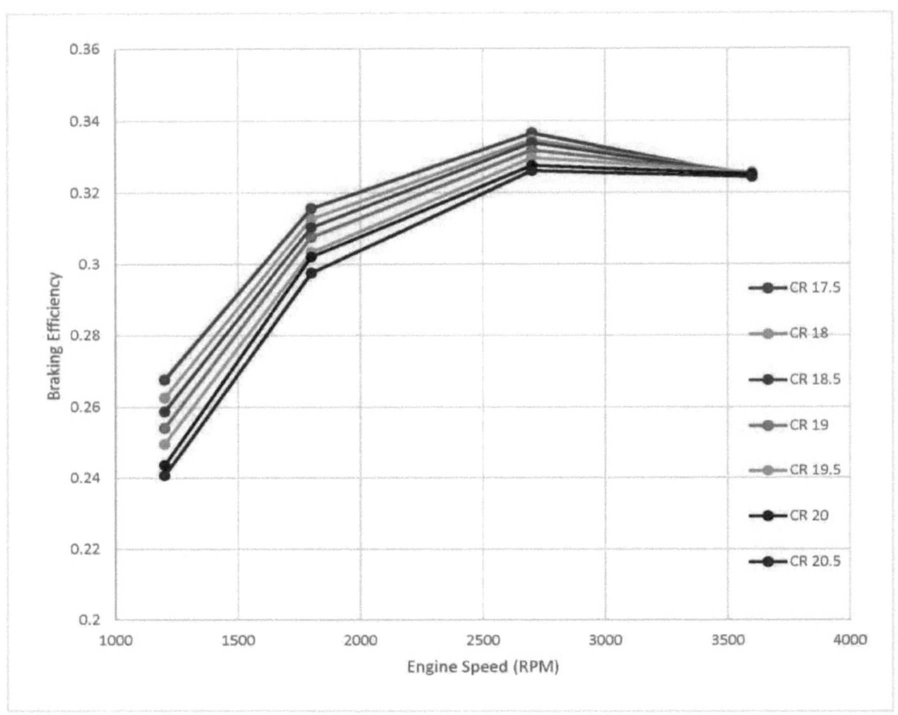

Fig. 17. Eficiência de travagem v/s Velocidade do motor

A eficiência de travagem é baixa para velocidades mais baixas e aumenta até atingir o seu valor máximo, tornando-se depois constante para velocidades mais elevadas.

5. Consumo específico de combustível v/s Velocidade do motor

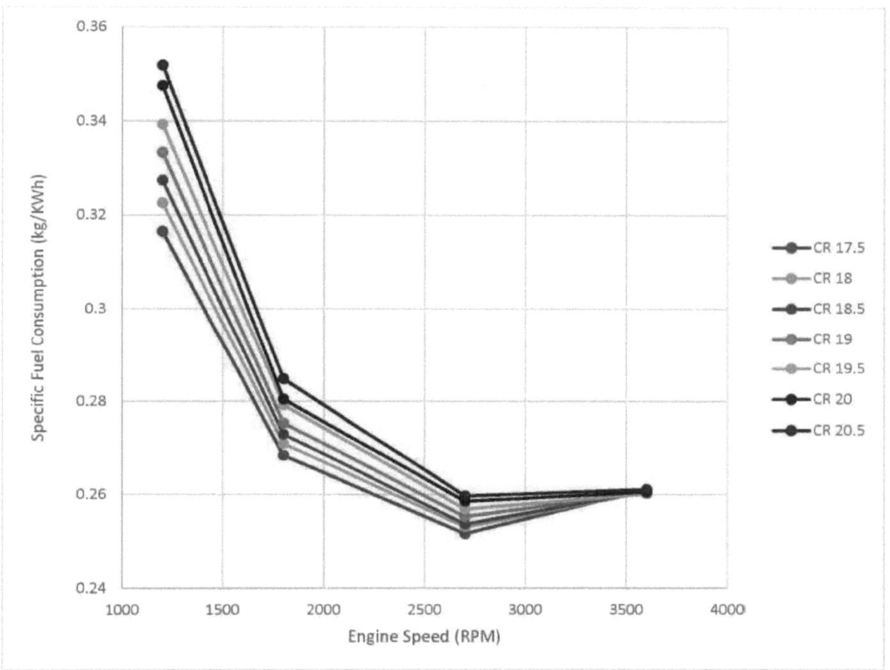

Fig. 18. Consumo específico de combustível v/s Velocidade do motor

À medida que a velocidade aumenta, o consumo específico de combustível (SFC) diminui. É máximo a baixas velocidades, diminui para velocidades médias e aumenta para velocidades mais elevadas

.

6. Temperatura dos gases de escape v/s Velocidade do motor

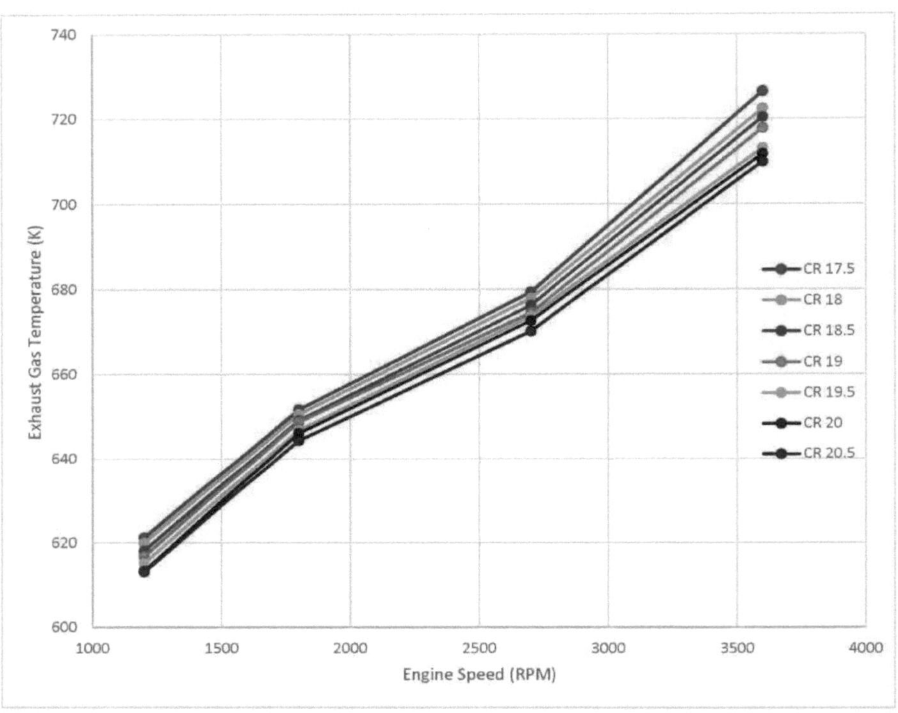

Fig. 19. Temperatura dos gases de escape v/s Velocidade do motor

A temperatura dos gases de escape aumenta à medida que a velocidade aumenta. Esta temperatura dos gases não deve exceder um valor máximo, uma vez que pode provocar efeitos catastróficos no motor.

7. Partículas em suspensão v/s Velocidade do motor

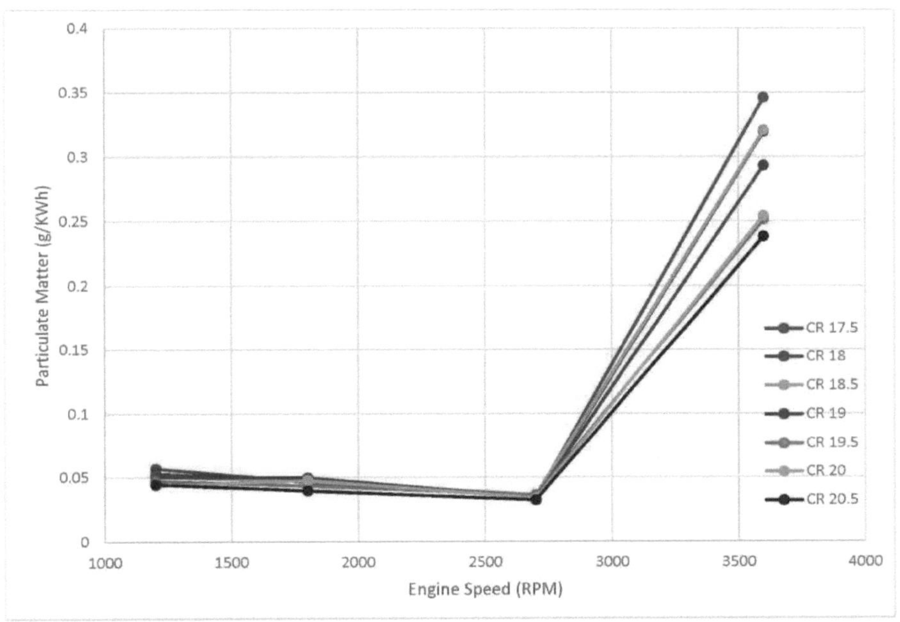

Fig. 20. Material particulado v/s Velocidade do motor

As partículas em suspensão diminuem muito ligeiramente à medida que a velocidade aumenta e aumentam rapidamente quando a velocidade do motor atinge o seu valor máximo.

8. NOx v/s Velocidade do motor

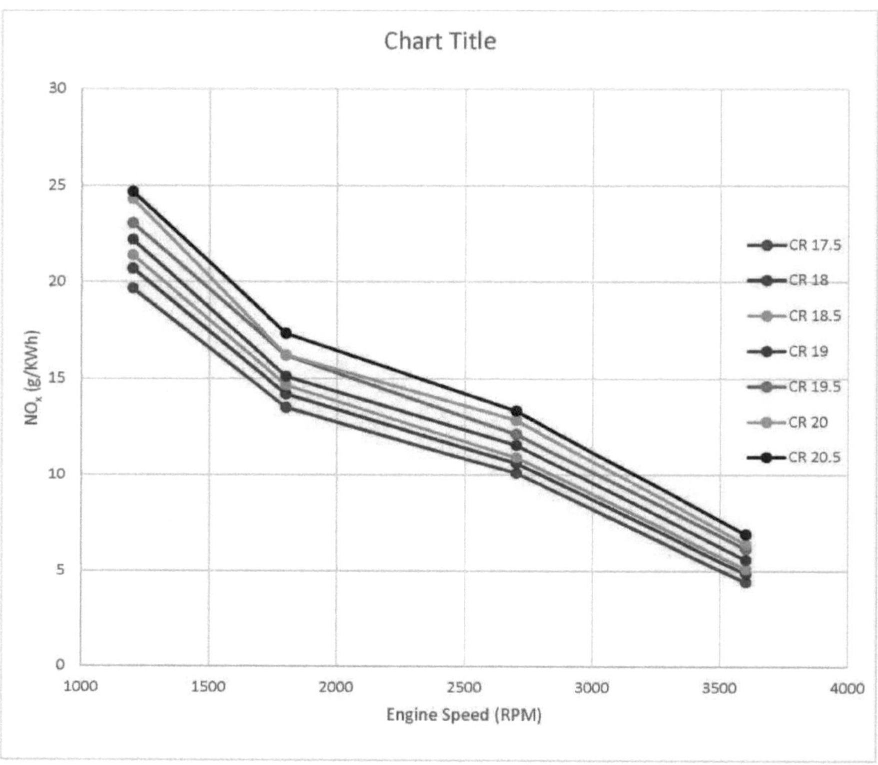

Fig. 21. NOx v/s Velocidade do motor

As emissões de NO_χ continuam a diminuir à medida que a velocidade do motor aumenta. É máxima a baixas velocidades e mínima a velocidades mais elevadas.

CO2 v/s Velocidade do motor

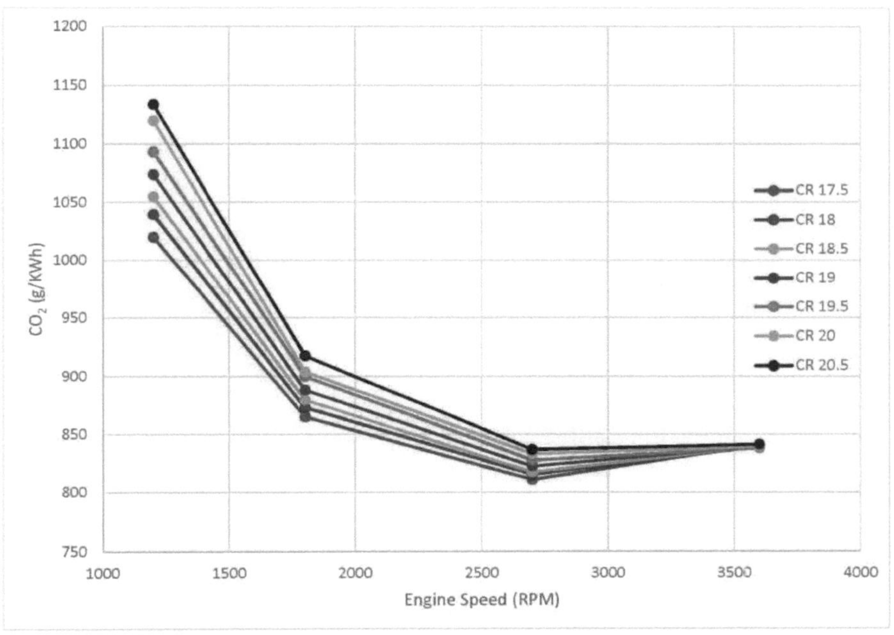

Fig. 22. ***CO_2 v/s Velocidade do motor***

medida que a velocidade aumenta, as emissões de CO_2 diminuem. É máxima para o valor de velocidade mais baixo e torna-se quase constante nas faixas de velocidade mais elevadas.

CAPÍTULO 6

6. CONCLUSÕES

1. Considerando o fator BMEP, este apresenta variações mais acentuadas para as taxas de compressão 17,5, 18, 19,5, 20 e 20,5. As taxas de compressão 18,5 e 19 são adequadas.

2. A temperatura dos gases de escape não deve estar num lado mais elevado, negligenciando assim as taxas de compressão 17,5, 18. As taxas de compressão 18,5, 19, 19,5, 20 e 20,5 são adequadas.

3. Tal como o BMEP, o IMEP também apresenta variações mais acentuadas para as taxas de compressão 17,5, 18, 19,5, 20 e 20,5. A curva mantém-se suficientemente bem a 18,5 e 19.

4. A eficiência indicada na gama de velocidades moderadas é mais elevada para as taxas de compressão 18,5 e 19.

5. O consumo específico de combustível é mínimo para a taxa de compressão 17,5 e máximo para a taxa de compressão 20,5.

6. A eficiência de rutura é mais elevada na banda de velocidade moderada para a taxa de compressão de 18,5.

7. O material particulado é válido para as taxas de compressão 18,5 e 19. Os outros valores das taxas de compressão apresentam variações mais acentuadas.

8. As emissões de CO_2 são máximas para a taxa de compressão 20,5 e mínimas para a taxa de compressão 17,5.

9. As emissões de NOX são máximas para a taxa de compressão 20,5 e mínimas para
taxa de compressão 17,5. É moderado para a taxa de compressão 18,5 e 19.

A partir das conclusões acima, o motor deve funcionar melhor com uma taxa de compressão de 18,5. Este é o valor ótimo da taxa de compressão em que o desempenho do motor pode ser maximizado.

CAPÍTULO 7

7. LIMITAÇÕES

Os motores de taxa de compressão variável, apesar de terem tantas patentes e experiências, não chegaram ao mercado devido às seguintes razões

1. O motor VCR exige grandes alterações na conceção de base do motor, o que cria um obstáculo à aceitação generalizada da tecnologia.
2. Verifica-se um aumento da massa recíproca do motor no caso de um pistão de altura variável.
3. Algumas das abordagens conduziram a um aumento das vibrações devido aos elementos intermédios.

CAPÍTULO 8

8. ÂMBITO FUTURO

Muito tem de ser feito no domínio do motor de videogravador para o tornar comercialmente competente. Algumas das formas de o fazer são as seguintes

1. Desenvolvimento de uma cabeça de cilindro optimizada para o motor VCR que seja capaz de realizar todo o potencial do motor.

2. O conceito de VCR de latas deve ser testado com combustíveis alternativos que sirvam

como salvador em tempos de crise energética.

3. O motor deve ter uma menor massa de elementos alternativos, reduzindo assim a massa dos elementos alternativos intermédios utilizados para alcançar o conceito VCR.

4. O controlo das emissões deve ser alargado, ou seja, para além de reduzir as emissões de CO_2, o VCR deve também contribuir para a redução de outras emissões que afectam o ambiente.

5. Realizar uma avaliação de otimização e determinar a melhor configuração do motor e desenvolver componentes optimizados para o motor de segunda geração.

CAPÍTULO 9

9. REFERÊNCIAS

[1] . Singh Kirpal, "Testing Quantities of Engine", em Automotive Engineering 12th ed, Standards Publications.

[2] . Mathur ML e Sharma RP, "Performance Parameters", em Motor de Combustão Interna, Publicações Dhanpat Rai: 2015.

[3] . Crouse William H, Anglin Donald L, "" in Automotive Mechanics 10th ed., McGraw Hill Education (India) Private Limited.

[4] . K.Satyanarayana, Vinodh Kumar Padala, T.V.Hanumantha Rao, S.V.Umamaheswararao

"Análise de desempenho de motores a diesel com taxa de compressão variável", International Journal of Engineering Trends and Technology (IJETT) - Volume 28 Número 1 - outubro 2015.

[5] Mathur Y.B., Poonia M.P., Jethoo A.S., Singh R. "Otimização da taxa de compressão de

Diesel Fuelled Variable Compression Ratio Engine", International Journal of Energy Engineering (IJEE) - Volume 2, Issue 3-August 2012.

[6] . Hiyoshi R., Tanaka Y., Takemura S., "Multi-link variable compression ratio engine" Patente dos EUA 8087390 B2, emitida em 22 de outubro de 2008.

[7] . Larsen G.J.," Reciprocating piston engine with a varying compression ratio "U.S. Patent 5025757, emitido em 13 de setembro de 1990.

[8] . Wallace, W. e Lux, F., "A Variable Compression Ratio Engine Development", SAE Technical Paper 640060, 1964, doi: 10.4271/640060.

[9] . Roberts, M., "Benefits and Challenges of Variable Compression Ratio (VCR)," SAE Technical Paper 2003-01-0398, 2003, doi: 10.4271/2003-01-0398.

[10] . Kleeberg, H., Tomazic, D., Dohmen, J., Wittek, K. et al., "Increasing Efficiency in Gasoline Powertrains with a Two-Stage Variable Compression Ratio (VCR) System", SAE Technical Paper 2013-01-0288, 2013, doi: 10.4271/2013-01-0288.

[11] . Kohler Groups, Engine specification work manual. www.lombardini.it

Printed by Books on Demand GmbH, Norderstedt / Germany